Phuong Hoang

Alterações climáticas e práticas agrícolas sustentáveis: Abordagem M&E

Phuong Hoang

Alterações climáticas e práticas agrícolas sustentáveis: Abordagem M&E

ScienciaScripts

Imprint

Cover image: www.ingimage.com

This book is a translation from the original published under ISBN 978-3-659-83446-2.

Publisher:
Sciencia Scripts
is a trademark of
Dodo Books Indian Ocean Ltd. and OmniScriptum S.R.L publishing group

120 High Road, East Finchley, London, N2 9ED, United Kingdom
Str. Armeneasca 28/1, office 1, Chisinau MD-2012, Republic of Moldova, Europe
Printed at: see last page
ISBN: 978-620-8-20275-0

Abreviatura

ADDA	Agricultural Development Denmark Asia
CCA	Climate Change Adaptation
CEMI	Climate Change and Ethnic Minorities in Northern Vietnam
CISU	Civil Society in Development
FFSs	Farmer Field Schools
FIGs	Farmer Interested Groups
IC	International Consultant
LFs	Local Facilitators
M&E	Monitoring and Evaluation
NC	National Consultant
NGOs	Nongovernmental Organizations
PanNature	People and Nature Reconciliation
TOC	Theory of Change
TOR	Term of Reference
ToT	Training for Trainers

Resumo:

As alterações climáticas são o maior desafio que a humanidade enfrenta. Entre os países do Sudeste Asiático, o Vietname é um dos países mais afectados pelas alterações climáticas. As alterações climáticas ameaçam a segurança alimentar e o desenvolvimento agrícola do Vietname e afectam também a economia do país. **O programa "Alterações climáticas e práticas agrícolas sustentáveis no Norte do Vietname: uma abordagem à avaliação"** apresenta uma breve panorâmica do projeto "Alterações climáticas e minorias étnicas no Norte do Vietname" (CEMI), executado pela Agricultural Development Denmark Asia em colaboração com a People and Nature Reconciliation nas províncias de Dien Bien, Lai Chau e Son La. A investigação centra-se no problema das alterações climáticas no Vietname e identifica algumas práticas agrícolas não sustentáveis utilizadas pelos agricultores étnicos, bem como as práticas sustentáveis existentes. Em seguida, o documento incluirá os Termos de Referência (TdR), que constituem uma ferramenta de planeamento para o acompanhamento e a avaliação (M&A) do projeto. Os TdR incluirão a descrição do projeto do CEMI, o mapeamento das partes interessadas e o seu envolvimento no projeto, a teoria da mudança para o projeto, bem como o quadro lógico, o cronograma orçamental, as abordagens para avaliar o projeto e o plano de recolha de dados. Este trabalho final é um trabalho relacionado com o curso que liga os conceitos de investigação e de M&A; como a M&A tem sido aplicada aos indicadores de alterações climáticas e algumas abordagens que os profissionais podem utilizar para efeitos de M&A.

Capítulo 1 **Introdução:**

O Vietname é o país mais oriental da Península da Indochina, no Sudeste Asiático. Faz fronteira com a China a norte, com o Laos a noroeste, com o Camboja a sudoeste e com o Mar da China Meridional a leste (The World Fact Book, Central Intelligence Agency). [thth]Em 2011, o Vietname é o país mais populoso do mundo (13) e o país asiático mais populoso (8), com uma população de cerca de 90 milhões de habitantes. A economia vietnamita está a crescer e o Vietname é atualmente o segundo maior país exportador de arroz do mundo, a seguir à Índia. O Vietname é considerado um dos países com as taxas de crescimento do PIB mais elevadas da Ásia. Desde a reunificação em 1975, após duas décadas de rápido crescimento económico, o Vietname é agora considerado um país em desenvolvimento. Em 1986, o governo vietnamita introduziu reformas políticas e económicas que ajudaram a transformar o Vietname de um dos países mais pobres para um país de rendimento médio. Atualmente, a taxa de pobreza no Vietname é de 10,7%, a taxa de inflação é de 9,21% e a proporção de mulheres na Assembleia Nacional é de 24,4%.

As alterações climáticas são um dos maiores problemas que as pessoas enfrentam atualmente e constituem o maior desafio para a humanidade. Entre os países em desenvolvimento, especialmente no Sudeste Asiático, o Vietname é considerado um dos países mais afectados pelas alterações climáticas. As alterações climáticas ameaçam a segurança alimentar e o desenvolvimento agrícola do Vietname e afectam também a economia do país. **As alterações climáticas e as minorias étnicas no Norte do Vietname** é um projeto executado pela Agricultural Development Denmark Asia (ADDA) em cooperação com a People and Nature Reconciliation (PanNature) nas províncias de Dien Bien, Lai Chau e Son La, no Norte do Vietname. O principal objetivo deste projeto é aumentar a

Sensibilizar as minorias étnicas destas três províncias para as alterações climáticas, identificar as práticas agrícolas insustentáveis utilizadas pelos agricultores étnicos e o seu impacto no ambiente, e introduzir práticas agrícolas sustentáveis que os agricultores étnicos possam utilizar para melhorar os seus meios de subsistência e reduzir o seu impacto no ambiente e nas alterações climáticas. Este trabalho de curso incluirá quatro partes:

- Introdução
- Investigação sobre os aspectos temáticos e técnicos
- Produto disponível
- Reflexão sobre o programa de um ano e lições aprendidas

Na primeira parte, darei informações gerais sobre o Vietname e uma breve panorâmica da questão das alterações climáticas e do projeto sobre o qual me debruçarei na tese. Apresentarei também a estrutura da tese. Ao explorar os aspectos temáticos e técnicos, centrar-me-ei no problema das alterações climáticas no Vietname, bem como em algumas práticas agrícolas insustentáveis que os agricultores étnicos estão a utilizar. A partir daí, definirei algumas práticas agrícolas sustentáveis que existem de facto. Uma vez que esta é uma tese baseada num curso que combina os conceitos de investigação e de M&A, a investigação basear-se-á na forma como a M&A tem sido aplicada aos indicadores de alterações climáticas e nas abordagens que os profissionais podem utilizar para efeitos de M&A. Para a parte relacionada com o produto, introduzirei os Termos de Referência (TOR), que é uma ferramenta de planeamento da M&A para o projeto.
Os TOR incluirão a descrição do projeto, o mapeamento das partes interessadas e o seu envolvimento no projeto, a teoria da mudança do projeto, bem como o quadro lógico, o calendário para o orçamento e as abordagens para a avaliação do projeto e o plano para a recolha de dados. A parte final, a reflexão sobre o programa de um ano e as lições aprendidas, centrar-se-á mais nos meus pensamentos e sentimentos pessoais que tive durante este programa de um ano. Falarei sobre o que aprendi durante o ano passado, como me sinto após o final do programa e como aplicarei o que aprendi na Escola de Formação Internacional (SIT) na minha futura carreira.

Capítulo 2 **Investigação sobre os aspectos temáticos e técnicos:**

A. Questões relacionadas com as alterações climáticas no Vietname:

As alterações climáticas têm um impacto significativo na produção, na vida e no ambiente a uma escala global. As alterações climáticas conduziram e continuarão a conduzir a mudanças profundas no desenvolvimento e na segurança mundiais, nomeadamente nos domínios da energia, da água, da alimentação, da sociedade, do emprego, da diplomacia, da cultura e do comércio. De acordo com o relatório do Painel Intergovernamental sobre as Alterações Climáticas, as temperaturas e o nível do mar registaram um aumento acentuado nos últimos 25 anos. [st]De acordo com os cenários de alterações climáticas, a temperatura média anual no Vietname aumentará 2 a 3 graus Celsius até ao final do século XXI, e a quantidade total de precipitação anual aumentará sazonalmente, mas diminuirá na estação seca. O nível do mar no Vietname poderá subir 0,75 a 1 metro. Cerca de 40% do delta do Mekong, 11% do delta do rio Vermelho e 3% das províncias costeiras ficarão inundadas. Cerca de 10 a 12% da população vietnamita será diretamente afetada e o PIB do país sofrerá uma redução de 10% (Estratégia Nacional para as Alterações Climáticas).

Os efeitos das alterações climáticas constituem uma séria ameaça para a redução da pobreza, a realização dos Objectivos de Desenvolvimento do Milénio e o desenvolvimento sustentável no Vietname, bem como para a sociedade e a economia do país.

A subida do nível do mar provocará a diminuição das terras agrícolas e o Delta do Rio Vermelho e o Delta do Mekong serão inundados por água salgada. O Delta do Mekong é considerado a "bacia do arroz" do Vietname. Todos os anos, são cultivadas cerca de 28 milhões de toneladas de arroz no Delta do Mekong. De acordo com o artigo "Climate Change Affects Vietnam's Rice Bowl" (As alterações climáticas afectam a bacia do arroz do Vietname), de Christopher Johnson (Johnson, C. (2014, 29 de setembro). Climate Change Affects Vietnam's Rice Bowl), as autoridades agrícolas vietnamitas prevêem que a produção de arroz do país poderá diminuir até 40% devido à intrusão de sal. No delta do Mekong, quase 10.000 hectares serão afectados pela água salgada.

Devido à subida do nível do mar e à menor precipitação na estação seca, os leitos dos rios e ribeiros da região estão a encher-se de menos água doce, permitindo a entrada de mais água salgada no delta. Em 2012, a água do mar penetrou tanto no interior que os agricultores já não conseguiam encontrar a água doce de que necessitavam. As plantas de arroz crescem normalmente na estação seca e, durante esse período, os campos de arroz precisam de ser alimentados com água sem sal, mas como quase não havia água doce, os agricultores tiveram de usar água salgada e o arroz morreu.

As alterações climáticas terão um impacto significativo na agricultura do Vietname e afectarão a economia do país. As alterações climáticas estão a causar problemas nos recursos hídricos. As fontes de água correm o risco de secar, afectando a agricultura e o abastecimento de água nas zonas rurais e nas cidades, bem como a produção de energia.

B. Panorâmica da província de Dien Bien:

Dien Bien é uma província do noroeste do Vietname, que faz fronteira com a China a norte, com Lai Chau a leste, com Son La a sul e com o Laos a oeste. Dien Bien e Lai Chau formavam uma única província, mas estão separadas desde 2004. [0]A província de Dien Bien está dividida em duas regiões: a bacia relativamente plana e menos fragmentada, com um declive inferior a 15 e uma altitude de cerca de 400 metros acima do nível do mar, e a região de alta montanha, constituída principalmente por colinas e encostas com uma altitude igual ou superior a 1000 metros.

Dien Bien está situada num clima tropical de monção. O inverno é muito frio e chuvoso, enquanto o verão é quente e chuvoso. Esta zona é menos afetada por tempestades, mas está sob a influência dos ventos secos e quentes do Laos. [0]A temperatura média é de 22,6 C e a precipitação média é de cerca de 1.500 mm com uma humidade média de 84% a 85% (Phan, T., Nguyen, DA., Dang, T., & Nguyen, H. (2015, janeiro). Relatório Técnico: Pesquisa de Sustentabilidade Ambiental na Produção Agrícola e Agroflorestal na Província de Dien Bien). As alterações climáticas afectaram a agricultura em Dien Bien em grande escala. Alguns dos problemas são:

- O nevoeiro dura mais tempo e as diferenças de temperatura entre as duas estações são enormes: é mais frio no inverno e mais quente no verão, o que contribuiu para o desenvolvimento de pragas.

- A época das chuvas é mais tardia do que a anterior, o que afecta a produção e a produtividade das terras aráveis sem sistemas de irrigação.

Para além das alterações climáticas, as acções dos agricultores também desempenham um papel importante

Agricultura e questões climáticas:

- O aumento da quantidade e do número de pesticidas utilizados está a conduzir a um aumento da poluição. A longo prazo, isto conduz à poluição ambiental através da utilização de fertilizantes químicos e da poluição causada pelos pesticidas.
- Outro problema ambiental associado à agricultura nesta região é a erosão dos solos.

Por outro lado, o projeto Alterações Climáticas e Minorias Étnicas no Norte do Vietname (CEMI) aborda as práticas agrícolas não sustentáveis utilizadas pelos agricultores étnicos. As práticas insustentáveis atualmente utilizadas pelos agricultores étnicos em Dien Bien incluem

- A mesma cultura é cultivada na mesma área durante muitos anos seguidos, sendo a cultura intercalar de inverno nos arrozais pouco utilizada. Esta situação gera problemas de proteção do solo e de controlo das pragas.
- Cultivo de culturas com base na procura atual do mercado, sem ter em conta a sustentabilidade e o ambiente.
- A escavação descoordenada de lagos afecta o sistema de irrigação do arroz e causa problemas às zonas de cultivo de arroz circundantes.
- Reutilizar o solo para a próxima época de colheita, em vez de o deixar recuperar os seus recursos em pousio durante um período de tempo mais longo.

Os métodos agrícolas errados estão agora a ter um efeito pior no solo, em resultado das alterações climáticas, do que no período anterior às alterações climáticas. O governo decidiu encontrar uma solução que fizesse justiça às condições climáticas dos solos locais e, ao mesmo tempo, contribuísse para a proteção do ambiente. Algumas dessas soluções são:

- Os agricultores começaram a cultivar legumes e feijões nos campos de arroz para melhorar o solo e reduzir as pragas para a próxima colheita de arroz.

- Foi testado e utilizado um fertilizante de gestão integrada das pragas.

C. **Panorâmica da província de Lai Chau:**

Lai Chau é uma província pouco povoada no noroeste do Vietname e faz fronteira com as províncias de Dien Bien e Son La, bem como com a China. ^{0}Em Lai Chau, mais de 40% da superfície situa-se a mais de 1000 metros acima do nível do mar e quase 90% do território tem um declive superior a 25 . Lai Chau tem um clima tropical de monção. Há duas estações distintas nesta zona: uma estação chuvosa, de abril a outubro, com temperaturas elevadas e elevada humidade, e uma estação seca, de novembro a março, com tempo fresco, baixa humidade e precipitação. Com a tendência para um clima cada vez mais desfavorável, a agricultura em Lai Chau está a enfrentar mais secas, inundações, erosão do solo e geadas (Dang, T., Nguyen, M., Nguyen, G., & Thung, T. (2015, janeiro). Relatório Técnico: Investigação da Sustentabilidade Ambiental na Produção Agrícola e Agroflorestal na Província de Lai Chau). Nos últimos anos, as temperaturas de inverno em Lai Chau têm sido invulgarmente baixas durante muito tempo e a estação seca é mais longa com menos precipitação. Em 2013 e 2014, muitas áreas cultivadas foram gravemente afectadas e milhares de bovinos morreram devido ao tempo frio.

As alterações climáticas são causadas pela atividade humana. Em Lai Chau, os agricultores têm utilizado métodos agrícolas que têm um impacto desfavorável nos recursos da terra cultivada e no clima. Exemplos disso são:

- Falta de estabilidade na seleção das culturas: A seleção das culturas depende da procura no mercado chinês, especialmente nas comunidades fronteiriças.
- Plantação de culturas em locais inadequados. Um exemplo disso é o cultivo de mandioca na parte superior de um terreno inclinado. Como a mandioca não estabiliza o solo, ocorre uma erosão considerável quando chove.
- A disposição das plantas numa superfície: trata-se geralmente de monoculturas que não protegem o solo da erosão nem aumentam a sua fertilidade e permitem a rápida propagação de insectos e doenças.
- Utilização excessiva e incorrecta de fertilizantes.

Todas estas práticas erradas utilizadas pelos agricultores estão a afetar a ecologia local, que é "a análise científica e o estudo das interações entre os organismos e o seu ambiente" (dicionário Merriam-Webster). Nos últimos cinco anos, a população local e o governo reconheceram o impacto das alterações climáticas nas terras agrícolas:

- Erosão do solo devido à natureza do solo e às técnicas de cultivo.
- Inundações: Devido à desflorestação em anos anteriores, as cheias ocorrem com mais frequência e são maiores.
- Secas porque a água dos rios é desviada para o cultivo de arroz nas terras altas e há menos água disponível devido à desflorestação.
- Esgotamento rápido do solo: Uma área só é utilizada durante uma ou duas estações antes de ser abandonada devido à erosão ou ao esgotamento dos nutrientes do solo.
- Deslizamentos de terras devido à desflorestação e aos métodos de cultivo dos agricultores.
- Poluição ambiental causada pela utilização e manuseamento de pesticidas.
- O impacto de factores externos, como as instalações industriais nas proximidades das zonas.

O governo reconheceu o impacto negativo das práticas agrícolas inadequadas no clima e nos meios de subsistência dos agricultores. O governo desenvolveu alguns métodos rápidos para resolver os problemas:

- Alguns municípios e distritos continuam a utilizar variedades locais para o cultivo. Estas variedades locais são consideradas bem adaptadas às condições climáticas e à ecologia local e ajudam a aumentar a diversidade dos recursos genéticos vegetais.
- A palha e os caules de milho são deixados no campo após a colheita, o que ajuda a fornecer nutrientes ao solo.

D. Monitorização e avaliação das alterações climáticas:

1. Revisão da literatura:

A monitorização e avaliação (M&A) é um processo que ajuda a melhorar o desempenho e a obter melhores resultados. O principal objetivo do M&A é melhorar a gestão atual e futura das realizações, dos resultados e dos impactos. Hoje em dia, cada vez mais ONG e profissionais analisam os resultados da M&A para ver como podem melhorar os seus projectos. Esta é uma nova tendência no sector do desenvolvimento. As alterações climáticas são um tema importante que é mencionado e debatido em muitas conferências atualmente. A M&A na adaptação às alterações climáticas (AAC) tornou-se uma área a que muitos profissionais estão a prestar atenção.

O principal objetivo desta tese é redigir os Termos de Referência (TOR) para o CEMI. Os TdR são uma ferramenta de planeamento que ajuda a equipa de avaliação a apresentar relatórios sobre o progresso e os resultados do projeto aos doadores e ao gestor do programa. Através do "Guidance for M&E on Climate Change Interventions" de Dennis Bours, Colleen McGinn & Patrick Pringle, sabemos que a implementação de M&A na AAC é um desafio. A adaptação não é um objetivo ou um ponto final. As alterações climáticas são um fenómeno contínuo e de longo prazo processo. As pessoas precisam de o monitorizar ano após ano e não apenas a curto prazo. As doze razões pelas quais a realização de M&A na ACP é um desafio são (Bours, D., McGinn, C., & Pringle,P. (2014, janeiro). Nota de orientação 1: Twelve Reasons Why Climate Change Adaptation M&E is Challenging):

- A personalização não é um objetivo nem um ponto final
- Períodos longos que ultrapassam largamente os ciclos habituais dos programas
- A aplicação das medidas de controlo das emissões está repleta de incertezas
- Medição dos impactos evitados
- Variedade de termos-chave e definições
- Perseguição de um "alvo em movimento"
- As alterações climáticas são globais - mas a adaptação é local
- A adaptação estende-se a vários níveis e sectores
- Avaliação da atribuição e da contribuição
- Não existe um conjunto normalizado de indicadores ou abordagens de M&A
- Causar danos: o problema da falta de correspondência
- Objectivos contraditórios e adequação: quando o desenvolvimento sustentável e a adaptação não são permutáveis

Por outro lado, "A Framework for Monitoring and Evaluating Adaptation to Climate Change", de Haris Sanahuja, trata da aplicação de métodos e processos de M&A à AAC. Foi concebido como um guia prático para promover a criação de capacidades para actividades de M&A no domínio da AAC. O relatório é composto por três partes

(Sanahuja, H. (2011, agosto). A Framework for Monitoring and Evaluating Adaptation to Climate Change):

- Antecedentes e debates conceptuais sobre a M&A da AAC
- Principais desafios e oportunidades para a M&A na CCA
- Desenvolvimento de capacidades para M&A da CCA

Estas três partes do relatório destinam-se a ajudar os profissionais a aprenderem mais sobre a aplicação da M&A na AAC. A primeira parte é uma panorâmica geral do contexto de fundo, com um olhar sobre as visões e métodos que ligam a M&A à AAC. A segunda parte trata dos desafios e oportunidades da M&A na resolução de conflitos. A última parte é muito orientada para a prática e apresenta a ideia subjacente aos diferentes enquadramentos da M&A na ACP, bem como uma série de estudos de caso sobre a metodologia. São analisados os pontos comuns entre os nove quadros nacionais de adaptação e, na parte principal do relatório, é apresentada uma conclusão com breves observações.

O guia de Dennis Bours, Colleen McGinn e Patrick Pringle dá aos profissionais uma ideia abrangente das razões pelas quais a M&A no domínio da ACP é um desafio. Este guia ajuda os profissionais a prepararem-se melhor para a realização da M&A e a evitarem alguns desafios ou erros que possam ocorrer. O relatório de Haris Sanahuja ajuda os profissionais a conhecerem os passos a seguir quando efectuam a M&A no domínio da AAC. Ao ler estas duas publicações, os profissionais podem desenvolver os TOR mais facilmente. Ao elaborar os TOR, os profissionais podem consultar os doze fundamentos para encontrar uma forma de recolher dados e planear adequadamente as actividades de M&A. É útil aplicar o quadro para desenvolver os TOR em profundidade.

2. Abordagens:

a) Abordagem de avaliação baseada na teoria:

A abordagem de avaliação baseada na teoria é um conceito de avaliação que ajuda os avaliadores a superar os desafios de um projeto e a ultrapassar as limitações das abordagens de avaliação experimental. Esta abordagem é um dos guias mais utilizados no mundo da avaliação. Esta abordagem é capaz de identificar os elementos do programa. A abordagem baseia-se na teoria utilizada para avaliar uma teoria clara da mudança para tirar conclusões sobre se e como uma intervenção contribui para os resultados observados.

A abordagem baseia-se numa teoria conhecida como a Lógica do Inquérito. Complementa a maioria das concepções de avaliação e dos métodos de recolha de dados e pode ser utilizada em combinação com eles (Abordagem à avaliação baseada na teoria: conceitos e práticas).

Uma Teoria da Mudança (TOC) é uma breve declaração que resume as actividades planeadas e descreve as mudanças que irão resultar e porquê. O desenvolvimento de uma Teoria da Mudança desafia os criadores de programas a serem claros sobre o objetivo do seu trabalho e o pensamento que lhe está subjacente. Incentiva a reflexão sobre o que pode ser alcançado e como. Uma vez formulada, uma teoria pode ser monitorizada e avaliada ao longo do tempo para verificar se está a funcionar na prática. Uma teoria da mudança pode ser desenvolvida como uma cadeia de resultados. O planeador mostra caixas com setas que conduzem das actividades às realizações, resultados e impactos, ou um quadro lógico que apresenta a mesma informação num formato diferente.

O método de avaliação baseado na teoria é uma técnica que os avaliadores devem aplicar.

e ajuda a desenvolver o TOC para os TOR. O COT faz parte desta abordagem e, através do COT, os avaliadores sabem quais os resultados esperados e os objectivos a atingir. impacto global dos programas. A partir daí, podem planear as questões e o enquadramento da avaliação e decidir quais os métodos de recolha de dados a utilizar.

b) A abordagem de Kirkpatrick para avaliar a aprendizagem em quatro níveis:

O Modelo de Formação de Quatro Níveis de Kirkpatrick foi desenvolvido em 1959 por Donald Kirkpatrick no U.S. Training and Development Journal. O modelo foi atualizado em 1975 e novamente em 1994. Este modelo compreende quatro níveis (The Kirkpatrick Model of Training Evaluation):

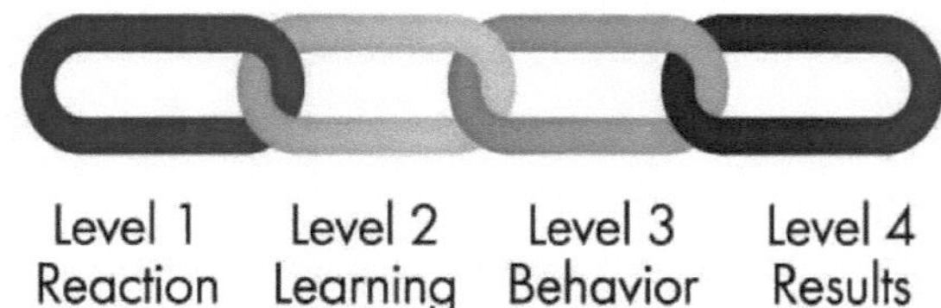

(Adaptado de Kirkpatrick Partners)

-Nível 1 - Reação: Medição da medida em que os participantes reagem positivamente à formação.

-Nível 2 - Aprendizagem: Mede em que medida os participantes adquirem os conhecimentos pretendidos sobre o programa, as capacidades de falar em público, as atitudes, a confiança para comunicar emoções e opiniões e o empenhamento nas suas funções.

-Nível 3 - Comportamento: Avaliação da medida em que os participantes alteraram o seu comportamento após a formação. Este nível tem por objetivo medir em que medida os participantes aplicam a informação adquirida.

-Nível 4 - Resultados: Analisar os resultados finais da formação.

Para a avaliação formativa, especialmente para o projeto CEMI, este é um bom abordagem que os avaliadores devem aplicar. Para a CEMI, a PanNature utilizará a abordagem

Os formadores e os formandos deslocar-se-ão aos distritos e comunidades locais para formar os agricultores étnicos. Esta abordagem ajuda os avaliadores a determinar os resultados da formação, tanto para os formadores como para os formandos. O modelo Kirkpatrick ajuda os avaliadores a determinar o nível de aprendizagem dos formandos e se estes estão a alcançar os resultados que a organização procura. Esta abordagem é explicada com mais pormenor na secção de recolha de dados. Aí é explicado em pormenor como a equipa de avaliação aplicará a abordagem no processo de avaliação.

c) Abordagem participativa:

A abordagem participativa é uma abordagem que permite à equipa de avaliação envolver ativamente as partes interessadas e pode ser utilizada para avaliar os critérios escolhidos. O objetivo é dar às partes interessadas no projeto uma voz igual, utilizar os conhecimentos locais, verificar as informações das principais partes interessadas, desenvolver capacidades e competências e melhorar as relações entre os aldeões. Para realizar esta avaliação de forma eficaz, são realizadas reuniões com todas as partes interessadas para compreender o objetivo da avaliação e para obter apoio e empenho. Um dos principais êxitos desta abordagem seria a colaboração entre as organizações e os parceiros e facilitadores locais para ter em conta a sua diferente disponibilidade para atenuar os futuros desafios do processo. O "Handbook on Participatory Methods for Community-Based Projects" de Grace Onyango e Miranda Worthen fornece um guia passo a passo muito útil para iniciar um projeto participativo a nível comunitário. Os profissionais podem adotar estes passos ao implementar uma abordagem participativa (Onyango, G., & Worthen, M. (2010, novembro). Handbook on Participatory Methods for Community):

- O pessoal da agência visita a comunidade onde se pretende iniciar um programa participativo e explica o programa aos membros da comunidade e aos potenciais participantes

- Recrutamento de moderadores e conselheiros comunitários para trabalhar com os participantes
- Identificação e recrutamento de participantes no programa
- Reforçar os papéis e as responsabilidades dos participantes em cada fase do programa
- Desenvolver um processo de grupo com os participantes
- Ajudar os participantes a aprenderem uns com os outros e a identificarem desafios comuns que possam ser abordados através do programa

Através destes seis passos, as organizações podem obter a participação dos membros da comunidade e a equipa de avaliação pode avaliar mais facilmente o projeto. A partir daí, podemos ver o que aprenderam ao participar no programa e através da formação. A abordagem participativa é uma abordagem que quase todos os avaliadores utilizam para avaliar todos os programas. Esta abordagem é explicada em pormenor na recolha de dados nos Termos de Referência.

As principais tarefas dos TOR são o desenvolvimento da TOC, o quadro lógico, as questões de avaliação e as abordagens de recolha de dados. A abordagem de avaliação baseada na teoria, a Abordagem de Avaliação da Aprendizagem em Quatro Níveis de Kirkpatrick e a Abordagem do Participante são as três abordagens que utilizamos como referências neste trabalho de conclusão de curso. A abordagem baseada na teoria ajuda os avaliadores a compreender melhor a TOC e a desenvolvê-la com um quadro lógico, enquanto a abordagem Kirkpatrick e a abordagem participativa são os métodos que ajudam os avaliadores a ter um melhor plano para a recolha de dados. Ao analisar estas abordagens, a

Os avaliadores podem compreender melhor estas teorias da mudança e aplicá-las aos TOR para os melhorar.

Capítulo 3 **Tarefa: Revisão intercalar para o clima Projeto "Mudança e minorias étnicas no Vietname do Norte**

A. Descrição do projeto:

O projeto "Alterações climáticas e minorias étnicas no Norte do Vietname" (CEMI), financiado pela Civil Society in Development (CISU), está a ser implementado pela Agricultural Development Denmark Asia (ADDA) em cooperação com a People and Nature Reconciliation (PanNature). Será implementado de 2014 a 2017 nas três províncias montanhosas do noroeste do Vietname: Dien Bien, Lai Chau e Son La. O objetivo do projeto é introduzir tecnologias de baixo teor de carbono e amigas do ambiente para os agricultores locais/étnicos. O projeto trabalhará com as autoridades provinciais para analisar os problemas ambientais, como a erosão dos solos e o assoreamento dos rios resultantes da utilização intensiva da agricultura nas encostas, bem como os problemas associados à construção de infra-estruturas, como barragens e novas estradas pavimentadas. Com base nisto, está a ser desenvolvido um programa para melhorar os sistemas agrícolas e estão a ser realizadas Escolas de Campo para Agricultores (FFS) com as comunidades-alvo. Os modelos bem sucedidos serão apresentados aos governos locais e a outras organizações para que os possam integrar nos seus planos. O projeto tem os seguintes objectivos Desenvolver capacidades e reforçar a compreensão dos agricultores étnicos sobre as questões relacionadas com as alterações climáticas nas regiões montanhosas do norte do Vietname.

- Fornecer informações sobre práticas agrícolas inteligentes do ponto de vista climático através de escolas no terreno, dar aos grupos de agricultores o direito de influenciar os processos de planeamento e de definição de políticas e defender os grupos de agricultores a nível nacional e internacional.

- Reforço das capacidades do pessoal das associações de agricultores locais, das autoridades locais e das organizações governamentais da zona do projeto.

Em cada uma das províncias do projeto, foram selecionados os distritos e as comunas onde se formaram grupos de interesse de agricultores (FIG) no âmbito do anterior projeto ADDA. O projeto será implementado em nove distritos e 33 comunas, tendo sido selecionados dois dos nove distritos, Phong Tho (província de Lai Chau) e Muong La (província de Son La), classificados como as zonas mais pobres do Vietname (ver Anexo 1 para as províncias, distritos e comunas do CEMI). Nos nove distritos, o projeto apoiará a população local através de formação sobre adaptação às alterações climáticas e métodos de produção com baixo teor de carbono na agricultura e na silvicultura.

1. **A estrutura implementada:**

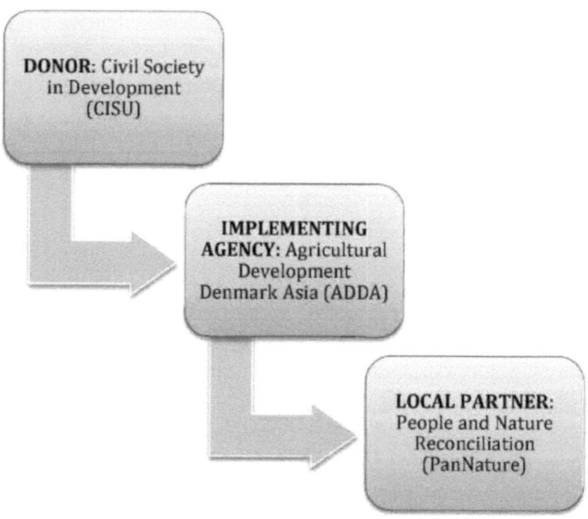

A ADDA é uma organização não governamental (ONG) que tem vindo a trabalhar intensamente no desenvolvimento agrícola no Vietname desde 1998. Desde a sua fundação, a ADDA tem uma longa experiência de trabalho com minorias étnicas e grupos de agricultores no Vietname do Norte. A PanNature é uma ONG vietnamita com sede em Hanói, no Vietname. A PanNature trabalha no domínio da conservação da natureza e da proteção do ambiente. A PanNature participa no movimento emergente da sociedade civil vietnamita para moldar o futuro do crescimento económico e da mudança social no Vietname.

Embora a colaboração entre a ADDA e a PanNature seja nova, o pessoal da ADDA já trabalhou indiretamente com a PanNature no passado através de outras organizações. A ADDA considera a colaboração com a PanNature como uma aliança estratégica em que a ADDA tem contactos com as organizações de agricultores, grupos de agricultores e comunidades étnicas nas regiões de montanha, enquanto a PanNature tem um vasto conhecimento e experiência das regiões de montanha.

A parceria entre a ADDA e a PanNature constitui a base para futuros projectos nos domínios das alterações climáticas e da agricultura sustentável. A parceria entre a ADDA e a PanNature constitui a base para futuros projectos nos domínios do ambiente e da agricultura sustentável. Espera-se que esta colaboração beneficie não só a ADDA e a sua rede sobre questões ambientais a nível nacional e internacional, mas também a PanNature em termos do seu estatuto, capacidades e redes locais no Noroeste do Vietname.

Uma vez que a ADDA já implementou muitos projectos nestas três províncias, a organização fornecerá métodos técnicos com conhecimentos locais e conceptuais, incluindo conhecimentos agrícolas altamente qualificados, bem como experiência de gestão de projectos. Além disso, espera-se que a ADDA forneça competências e conhecimentos relacionados com métodos de formação centrados no participante e práticos, nomeadamente a Escola de Campo para Agricultores (FFS). A PanNature é responsável pela execução de todas as actividades diárias deste projeto e fornece os seus conhecimentos específicos em matéria de ambiente e de política.

2. **Antecedentes e contexto da intervenção:**

Existem 54 grupos étnicos no Vietname, sendo que a etnia vietnamita, os Kinh, representa cerca de 85% da população do Vietname. Seguem-se os grupos étnicos Tay e Thai, que representam, respetivamente, 1,97% e 1,79% da população vietnamita e se concentram nas terras altas do norte do país. Nas três províncias em que o projeto será executado, cerca de 87% da população é de etnia Thai, H'mong e Muong. A população dos distritos selecionados será constituída por cerca de 98% de minorias étnicas. As três províncias caracterizam-se por terrenos acidentados e montanhas altas. A norte, encontra-se a fronteira com a China e, a oeste, a fronteira com o Laos. Embora a agricultura e a
Embora a área florestal represente apenas 23,1 % da área natural total (9,92 e 13,18 respetivamente), mais de 76 % da mão de obra está empregada na agricultura e na silvicultura.

Devido às difíceis condições naturais e à evolução histórica, a região noroeste continua a ser a zona com a taxa de pobreza mais elevada do Vietname, com 39,16% dos agregados familiares a viver abaixo do limiar de pobreza e 13,27% dos agregados familiares classificados como "marginalmente pobres". Dos 62 distritos pobres enumerados na Resolução 30a/2008/NQ-CP, 14 distritos estão localizados nas três províncias de Son La, Lai Chau e Dien Bien nesta região (2013). Documento de projeto: Climate Change and Ethnic Minorities in Northern Vietnam).

B. Mapeamento e análise das partes interessadas:

O quadro seguinte mostra o mapeamento e a análise das partes interessadas que a equipa de avaliação produziu para identificar os papéis das partes interessadas e as suas contribuições para o projeto.

Quadro 1: Mapeamento e análise das partes interessadas

Name of stakeholder (org, behavior, etc.)	Stakeholder description Primary Purpose	Role in The Issue	Level of Knowledge on The Issue	Level of Commitment on The Initiative	Available Resources
ADDA	Financial Support	- Monitor expenditures and finance - Guidance	High	Commit the grant of 4,087,303 DKK	Funds
People and Nature Reconciliation (PanNature)	- Supporter - Trainer	- Local partner of ADDA - Training - Technical support	High	High: help to raise awareness and transfer knowledge and information	Knowledge and training
Government: Vietnam Farmers Union (VNFU); Farmer Union (FU); Women Fund Development (WFD)	Implementation organizations and local partner organizations	- Support PanNature in conduct conference and training	High	High	Knowledge People
Local facilitators	- Supporter - Trainer	- Receive the training - Train the ethnic minority groups	High	High: Receive the knowledge and further transfer to ethnic minority groups	Knowledge and training
Beneficiaries: Farmer interest groups (FIG)	Recipients	- Aware about climate change - Receive the information - Receive the training on agricultural sustainable	On going process	High: stay involved after the training and even when the project is over	Participate

O CEMI tem cinco grupos de partes interessadas diferentes. Cada parte interessada contribui para o projeto é diferente. Existem quatro grupos de partes interessadas com um elevado nível de conhecimento sobre o tema e que também compreendem o impacte das alterações climáticas na agricultura tais como os meios de subsistência dos grupos étnicos minoritários e o impacto que a agricultura sustentável pode ter na comunidade, a fim de se obter um futuro melhor. A sustentabilidade para além do projeto depende do empenho a todos os níveis. De um modo geral, todas as partes interessadas apoiam o projeto e contribuirão para o seu êxito com todos os recursos à sua disposição.

C. Modelo lógico e teoria da mudança:

O CEMI tem por objetivo apoiar as comunidades agrícolas nas zonas remotas das províncias de Son La, Dien Bien e Lai Chau, a fim de melhorar o acesso à informação sobre questões políticas relacionadas com as alterações climáticas e aumentar a influência dos utilizadores dos recursos naturais no processo de elaboração de políticas e no planeamento, incluindo a adaptação às alterações climáticas, a segurança alimentar e a redução da pobreza nas localidades. O projeto centra-se na sensibilização das minorias étnicas para as alterações climáticas, na identificação de práticas agrícolas não sustentáveis e na introdução de métodos de produção sustentáveis junto dos agricultores étnicos. Quando as minorias étnicas estiverem conscientes do impacto das alterações climáticas e dos métodos agrícolas não sustentáveis, espera-se que adoptem as novas práticas agrícolas que a organização está a introduzir. Assim, o abastecimento alimentar tornar-se-á mais seguro e os seus
melhorar os seus meios de subsistência.

Teoria da Mudança CEMI:

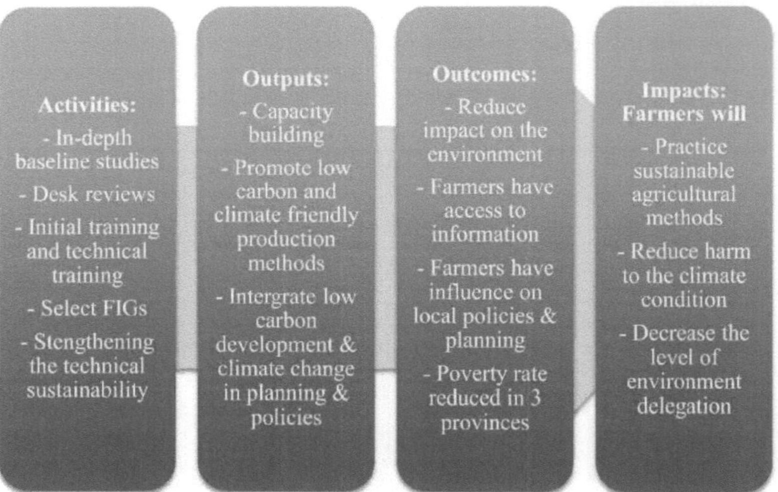

Pressupostos críticos do projeto:

A teoria da mudança do CEMI depende de alguns pressupostos que são tidos em consideração. O CEMI teve em conta factores fora do controlo do projeto, tais como o empenho, a motivação e a vontade de cooperar, a capacidade dos agricultores e os baixos custos operacionais da aplicação de novos métodos de produção agrícola sustentável. O CEMI também tem em conta a vontade dos agricultores de experimentar coisas novas e mudar práticas antigas.

-Os governos *locais* estão cada vez mais abertos e receptivos aos contributos das comunidades e da sociedade civil, e as organizações e autoridades locais estão dispostas a trabalhar em conjunto.

-Políticas nacionais e locais que apoiam iniciativas de adaptação às alterações climáticas

ser mantido

- As autoridades locais estão dispostas a participar no projeto; as organizações locais e as autoridades locais estão envolvidas no processo de tomada de decisões
- As organizações e autoridades locais estão dispostas a participar e a apoiar a execução do projeto, especialmente em termos de reforço das capacidades.
- Já existem métodos de produção sustentáveis em algumas áreas da região do projeto
- O grupo FIGs já existe e está pronto para participar na formação.
- Os agricultores étnicos estão a optar por adotar práticas agrícolas sustentáveis simplesmente devido a uma maior sensibilização
- Os custos de produção na agricultura não registam um aumento significativo. As práticas agrícolas dependem frequentemente dos preços dos produtos de base (adubos e produtos químicos, ou seja, pesticidas e herbicidas)

No Apêndice 2 encontra-se o quadro lógico, que mostra todos os pressupostos, actividades, resultados, efeitos e objectivos de desenvolvimento do projeto.

D. Objetivo da avaliação:

Dado que o CEMI é um projeto em curso, a equipa de avaliação realizará uma avaliação formativa. O objetivo de uma avaliação formativa é determinar a relevância, a eficácia, a eficiência e a sustentabilidade da intervenção nesta fase inicial. A avaliação visa determinar se o projeto está ou não a funcionar e porquê, a fim de melhorar a conceção do projeto e garantir que os resultados esperados sejam alcançados no final do projeto.

Com base no relatório de avaliação, os avaliadores farão também sugestões sobre a forma como o projeto pode alcançar os resultados desejados de forma mais eficaz e prática e acompanhar as actividades do projeto. A ADDA encarregará uma equipa de avaliação externa de efetuar a avaliação intercalar

Avaliação. Esta avaliação intercalar destina-se a ajudar as pessoas envolvidas a conhecer o progresso do projeto e a apoiar a PanNature no futuro planeamento e tomada de decisões do projeto.

Alguns dos objectivos são:

1. Determinar a pertinência da conceção do projeto e da estratégia de execução (parceria ADDA e PanNature)
2. Determinar a eficiência da implementação
3. Determinação da eficácia do projeto a nível nacional e provincial: progressos em relação aos objectivos do projeto a nível dos resultados e do impacto
4. Avaliação da medida em que o projeto atingiu os seus objectivos declarados a nível dos resultados e do impacto
5. Identificação dos factores de apoio e das limitações encontradas até à data
6. Identificar alterações pretendidas e não pretendidas, tanto positivas como negativas, diretas ou indirectas, bem como quaisquer resultados inesperados
7. Avaliação da possibilidade de prosseguir os processos introduzidos após a conclusão da ação
8. Identificação de experiências e boas práticas potenciais que possam ser incorporadas nas medidas ou aplicadas posteriormente
9. Fazer recomendações para apoiar a conclusão do projeto, a expansão ou o

desenvolvimento de iniciativas apoiadas pelo projeto

E. **Métodos/Procedimentos/Justificativa:**

A equipa de avaliação é encorajada a fazer tantas perguntas quantas as necessárias para identificar as lições aprendidas e as melhores práticas, e a desenvolver recomendações para melhorar o

melhorar a conceção do projeto e melhorar a sua execução no que diz respeito à realização dos objectivos do projeto. As questões a que a avaliação tenta responder utilizando a metodologia escolhida são enumeradas a seguir.

1. **Questões de avaliação:**

Conceção:

A conceção do projeto foi eficiente? Em que medida é que a conceção cumpre os objectivos do projeto? Todas as partes interessadas e actividades necessárias foram incluídas no planeamento? A conceção criou um calendário lógico e realista para o projeto?

- a validade do conceito do projeto, a eficácia dos métodos e estratégias utilizados e se estes apoiam ou impedem a realização dos objectivos do projeto
- Os objectivos e metas do projeto são claros, realistas e susceptíveis de serem alcançados dentro do calendário definido com os recursos atribuídos (incluindo recursos financeiros e humanos)?
- A conceção do projeto teve em conta as disposições institucionais, as funções, as capacidades e o empenho das partes interessadas?
- Em que medida a conceção do projeto teve em conta os esforços locais, nacionais e sub-regionais existentes para proteger o ambiente e adaptar-se às alterações climáticas?
- O conceito do projeto enquadra-se e complementa as iniciativas existentes de outras organizações para aumentar a sensibilização para as alterações climáticas, a produção sustentável e a segurança alimentar?
- A estratégia para a sustentabilidade dos resultados do projeto foi claramente definida na fase de planeamento do projeto?

Relevância:

A conceção do projeto foi uma resposta adequada às necessidades que existiam no início do projeto? Que novas necessidades surgiram desde a conceção e o lançamento do projeto e a abordagem do projeto foi adaptada/desenvolvida em conformidade?

- Em que medida os objectivos do projeto continuam a ser válidos?
- Os objectivos e resultados do projeto cumprem os critérios do projeto?
- As actividades e realizações são coerentes com o objetivo global e a realização dos objectivos? As actividades e realizações são coerentes com os impactos e efeitos pretendidos? Utilização de práticas agrícolas sustentáveis para reduzir o impacto ambiental?
- Como é que estas actividades contribuem para a realização dos objectivos?

Eficácia:

Em que medida os modelos desenvolvidos como parte do projeto foram concebidos para gerar e promover a mudança desejada entre as partes interessadas? Em que medida o modelo de interface entre a PanNature, os parceiros locais e os governos locais funciona de forma a desenvolver capacidades através de formação, partilha de desafios e melhores práticas?

- Verificar a eficiência do projeto. Os recursos estão a ser utilizados de forma adequada?
- Qual foi a eficácia do tempo despendido pelo pessoal do projeto na ligação com as agências governamentais e os grupos industriais relevantes para conseguir a adesão

destes grupos? Que lições foram retiradas deste processo?

- Qual foi a eficácia do projeto em gerar interesse e participação no projeto a nível local, nacional e sub-regional?
- Qual foi o sucesso do projeto na integração da questão das alterações climáticas nos esforços em curso em áreas como a segurança alimentar e a redução da pobreza?
- Examinar a forma como o projeto influenciou as políticas, os debates e as instituições a nível nacional e regional relacionadas com o planeamento da política local e o planeamento dos recursos naturais que abordam a adaptação às alterações climáticas, a segurança alimentar e a redução da pobreza.
- Foi reforçada a capacidade das comunidades, das autoridades locais, das organizações não governamentais e das associações de agricultores para planear, iniciar, aplicar e avaliar medidas de adaptação das estratégias regionais e internacionais às alterações climáticas, reduzir os impactos no ambiente e manter alternativas de subsistência sustentáveis?

Eficiência:

Em que medida os fundos do projeto foram utilizados de forma eficaz e adequada?

- As actividades são rentáveis?
- As actividades são realizadas atempadamente?
- Não terão os custos de produção na agricultura aumentado consideravelmente?
- O projeto foi executado da forma mais eficiente possível em comparação com as alternativas?
- Quantos agricultores étnicos compreendem o seu papel e responsabilidade pelo ambiente na agricultura?
- Que percentagem de autoridades locais está disposta a envolver os agricultores étnicos no processo de planeamento e de tomada de decisões?

Sustentabilidade:

Em que medida o projeto será sustentável mesmo depois de esgotados os fundos dos doadores?

- Que factores potenciais podem influenciar a consecução ou não da sustentabilidade do projeto?
- Avaliação da medida em que foi definida e planeada uma estratégia de saída e das medidas tomadas para garantir a sustentabilidade (por exemplo, participação do governo)
- Avaliação da contribuição do projeto para o reforço das capacidades e dos conhecimentos das partes interessadas nacionais e locais (governo e agências de execução) e promoção da apropriação do projeto pelos parceiros
- Avaliar o sucesso do projeto na mobilização de recursos para esforços contínuos de desenvolvimento de estratégias de desenvolvimento de recursos naturais e de planeamento que permitam às comunidades adaptar estratégias regionais e internacionais às alterações climáticas, reduzir os impactos ambientais e manter alternativas de subsistência sustentáveis

2. Abordagem e raciocínio:

Devido à complexidade desta intervenção, são propostas duas abordagens à equipa de avaliação: a abordagem participativa e o modelo Kirk-Patrick. A avaliação centrar-se-á em compreender se as actividades da intervenção estão a funcionar ou não e porquê. A abordagem participativa é particularmente importante, uma vez que este projeto visa desenvolver as capacidades de diferentes intervenientes - comunidades agrícolas, ONG e autoridades locais. Espera-se que estes trabalhem em conjunto para formular estratégias e planos locais para os recursos naturais e para abordar a adaptação às alterações climáticas, a segurança alimentar e a redução da pobreza. Dado que o CEMI é um projeto que trabalha com grupos de minorias étnicas, um

Um fator importante que a equipa de avaliação terá em conta é a língua. Alguns dos participantes podem não falar a língua local. Para realizar o trabalho num período de tempo limitado, a utilização de tradutores será estrategicamente pensada, tal como a tradução de materiais visuais e escritos, que terá de ser feita com antecedência. Por outro lado, o modelo de aprendizagem em quatro fases de Kirkpatrick permitir-nos-á avaliar a eficácia da formação realizada com os agricultores. Esta abordagem tem como objetivo medir a resposta, a aprendizagem, o comportamento e os resultados, de modo a estabelecer uma "cadeia de provas" e determinar a eficácia da formação.

A equipa de avaliação começará por uma análise documental, avaliações das necessidades e estudos de base nas áreas do projeto, estudos sobre métodos de produção não sustentáveis na agricultura e na silvicultura e uma análise das iniciativas de desenvolvimento, como a exploração mineira, a energia hidroelétrica e as plantações comerciais, que têm impacto nos recursos naturais e nos meios de subsistência locais. Na segunda fase, serão efectuadas visitas aos locais. A equipa de avaliação selecionará comunas de 9 distritos e 33 comunas onde os FIG foram constituídos para levar a cabo a tarefa. Propõe-se a inclusão de Phong Tho (província de Lai Chau) e Muong La (província de Son La), que se encontram entre as zonas mais pobres do Vietname. A equipa de avaliação deve desenvolver instrumentos de avaliação, incluindo observações no terreno, entrevistas, inquéritos, grupos de reflexão e instrumentos relevantes necessários para a recolha de dados essenciais.

3. **Recolha de dados:**

A recolha de dados é uma etapa que ajuda a equipa de avaliação a compreender o panorama geral do projeto. Ajuda também a organização a conhecer a eficácia e os progressos do projeto. Para cada abordagem, os avaliadores têm diferentes opções para a recolha de dados: análise qualitativa, análise quantitativa ou ambas. Para esta abordagem formativa a equipa de avaliação trabalhará em conjunto para determinar qual o método mais adequado a cada uma das abordagens.

Quadro 2: Recolha de dados e procedimentos

	Kirk—Patrick Approach	**Participatory Approach**
Quantitative	• Surveys	• Mini—surveys
Qualitative	• Observations • Interviews	• Photographs • Oral histories and stories • Flow diagrams

A análise quantitativa é um método de quantificação de dados e de generalização dos resultados de uma amostra para a população de interesse. Neste método, a equipa de avaliação recolhe normalmente os dados através de observações ou entrevistas, embora existam algumas excepções.

Abordagem de aprendizagem de quatro níveis de Kirkpatrick : a equipa de avaliação realizará inquéritos para avaliar em que medida os participantes aprenderam com a formação e os workshops que frequentaram após a implementação do projeto CEMI.

Abordagem participativa: a equipa de avaliação utilizará mini-inquéritos para fazer algumas perguntas aos participantes, a fim de conhecer as suas opiniões, pensamentos e sentimentos sobre o projeto desde a sua implementação, e utilizá-las para aplicar as lições aprendidas ao projeto e a futuros processos de tomada de decisões. Os avaliadores também

Utilizar o inquérito como uma técnica de recolha de dados e de compreensão do nível de aprendizagem que os participantes alcançam através da formação.

Abordagem participativa: Nesta abordagem, a equipa de avaliação recolhe dados de várias formas, como o mapeamento das mudanças nas comunidades que ocorreram ao longo do tempo para reconhecer as diferentes realizações do projeto. Outra técnica é o fluxograma, um diagrama visual que mostra as mudanças propostas e concluídas no sistema. A equipa de avaliação também recolherá as narrativas orais dos participantes para saber mais sobre o impacto do programa nos seus meios de subsistência e as mudanças na comunidade. A equipa de avaliação utilizará este workshop para apresentar as suas conclusões às partes interessadas durante a visita de campo aos locais do projeto. A equipa abordará os aspectos positivos do projeto, as áreas a melhorar e algumas recomendações para a sustentabilidade do projeto.

F. Composição da equipa de avaliação e qualificações exigidas:

A ADDA encomendará uma equipa de avaliação externa para esta avaliação

formativa

para avaliar o projeto. A equipa de avaliação externa é composta por um chefe de equipa, que é um consultor internacional, e dois consultores nacionais com qualificações específicas.

Chefe de equipa (consultor internacional):

Responsibilities	Profile
• Leading desk review of program documents • Develop the evaluation instrument • Technical support to the evaluation team members • Visit project sites • Facilitate workshop with the stakeholders • Evaluation reports	• Relevant background in socio and/or economic development, particularly related to agriculture and climate change • Relevant in sub—regional experience • Experience facilitating workshops for evaluation findings • Fluent in English (Vietnamese would be appreciated)

Consultores nacionais:

Responsibilities	Profile
• Desk review of documents • Contribute to the development of the evaluation instrument • Organize, participate and carry out the interviews of stakeholders and field visits • Facilitate the stakeholders' workshop • Contribute to the evaluation report through systemizing data collected and providing analytical inputs • Drafting any country specific section or chapter in the evaluation report • Others as required by the team leader	• Relevant background in country social and/or economic development, in particularly related to agriculture • Experience in the design, management and evaluation of development projects • Relevant country experience, preferably prior working experience in agriculture and climate change • Experience facilitating workshops for the evaluation findings • Fluency in English, Vietnamese • Knowledge of local language an asset

G. Calendário e orçamento:

Para esta avaliação intercalar, os avaliadores visitarão os locais de terreno e realizarão entrevistas com os agricultores de etnia para conhecer melhor os seus sentimentos e pensamentos sobre o projeto e as mudanças que observam. Os avaliadores irão interagir com os supervisores e formadores locais para saber o que eles pensam sobre o progresso do projeto e a melhoria dos meios de subsistência dos agricultores étnicos, bem como das condições ambientais nas três províncias desde o início do CEMI. Esta viagem demorará cerca de vinte dias, mas a equipa trabalhará em conjunto antecipadamente para fazer um balanço e desenvolver o enquadramento para a viagem. O orçamento para M&A é de aproximadamente 15% do orçamento total. Para esta avaliação intercalar, o orçamento será de aproximadamente 7%, com todos os valores em moeda vietnamita (dong vietnamita) e convertidos em dólares americanos. O calendário e o orçamento do contrato são apresentados a seguir.

Quadro 3: Calendário e orçamento

Coroa monetária: A partir de 07/12/2015: 1USD = 21,650 Dong vietnamita

Activities	Participants	Number of room/car	Days	Amount	Total
Plane ticket	01 (international consultant)	-	-	35,000,000	35,000,000
Accommodation in Hanoi for IC	01	01	10	500,000	5,000,000
Transportation in Hanoi for IC	01	-	10	150,000	1,500,000
Allowance for IC in Hanoi	01	-	10	300,000	3,000,000
Allowance for NC in Hanoi	02	-	10	300,000	6,000,000
Transportation to the field	03	01	20	1,300,000	26,000,000
Accommodation in the field	03	02	20	300,000	12,000,000
Allowance in the field	03	-	20	200,000	12,000,000
Interview fee	216	-	-	50,000	10,800,000
					111,300,000 ($5,140)

Para além do dinheiro para todas as actividades durante a visita de estudo, o consultor internacional receberá $20.000 pela realização da avaliação intercalar, enquanto os consultores locais receberão $6.000 cada. O montante total a ser pago pela ADDA para esta avaliação intercalar é de $37.140.

Quadro 4: Dias contratuais

Phase	Responsible Person	Tasks	No. DAYS		
			IC	NC	TOT
I Desk Review	Evaluation team leader	- Briefing meetings - Desk Review of programme related documents - Evaluation Framework preparation - Preparation of the Inception report	5	5 (2)	15
II Preparation for field work	Evaluation team leader and National Consultants	- Country specific desk review - Consultations on common evaluation framework - Initial Consultations with programme staff	5	5 (2)	15
III Field work	Evaluation team	- Field visits - Interviews with programme staff and partners - Consultations with farmers' communities and other beneficiaries - Workshops with key stakeholders in the countries: sharing of preliminary findings and feedback from participants	20	20 (2)	60
IV Draft report	Evaluation team leader	- Integrate first draft report (based on consultations from field visits, desk review and workshops)	5	5 (2)	15
V Comments	ADDA CISU (Donor)	- Circulate draft report to key stakeholders - Consolidate comments of stakeholders and send to team leader			
VI Second draft and debriefing	Evaluation team leader	- Finalize the report including explanations for comments that were not included	5	5 (2)	15
		TOTAL	**40**	**80**	**120**

Fees Evaluation Team	N° days	Unit Cost	Total fee
International Consultant	40	500	20,000
National consultant 1	40	150	6,000
National consultant 2	40	150	6,000
Total fees	120		**32,000**

Proposta de plano de pagamento para o consultor internacional:

- **Primeiro pagamento (30%):** Após a conclusão do relatório inicial e da ferramenta de avaliação a contento da ADDA e da CISU: 6.000 USD mais despesas de deslocação e DSA para a visita ao local
- **Segundo pagamento (50%):** Após a conclusão das visitas de campo às comunidades: USD $10.000
- **Terceiro pagamento (10%):** Após a preparação do primeiro projeto: USD$ 2.000
- **Quarto e último pagamento (10%):** Após a apresentação da segunda e última versão do relatório a contento da ADDA e da CISU: USD$2.000

Proposta de plano de pagamento para o Conselheiro Nacional:

- **Primeiro pagamento (30%)**: Após a conclusão do relatório inicial e da ferramenta de avaliação a contento da ADDA e da CISU: 1.800 USD mais subsídio de visita ao local
- **Segundo pagamento (50%):** Após a conclusão das visitas de campo às comunidades: USD $3.000
- **Terceiro pagamento (10%):** Após a criação do primeiro projeto: USD$ 600

O. **Quarto e último pagamento (10%):** Após a entrega da segunda e última versão

do relatório a contento da ADDA e da CISU: USD$ 600

Capítulo 4 **Considerações:**

Já passou quase um ano desde que pus os pés pela primeira vez no centro da School for International Training - DC (SIT - DC). Muitas coisas mudaram no último ano. A SIT - DC ajudou-me a ter uma mente mais aberta e a ganhar experiência de vida real. Durante o meu tempo na SIT - DC aprendi o que significa desenvolvimento sustentável e conheci alguns profissionais maravilhosos no mundo e explorei uma parte diferente do mundo. Estou contente por ter decidido continuar os meus estudos no SIT porque este programa de um ano mudou a minha vida e tornou-a mais significativa.

O período de outono foi sobrecarregado com tantos cursos e muitos trabalhos escolares. Passar de estudante de licenciatura para estudante de pós-graduação foi um choque para mim. Nos meus tempos de licenciatura, tudo era fácil e corria devagar, mas aqui no SIT - DC, especialmente porque é um programa de dois anos que foi convertido num programa de um ano, tudo tem de ser rápido. Curso básico, Economia, Investigação Prática, Planeamento e Gestão de Programas, Teoria e Prática, Conceito de Defesa de Políticas, Conceito de Monitorização e Avaliação de Programas, Conceito de Liderança e Organização de Organizações do Setor Social - todas estas disciplinas, que somam 16 créditos, fazem deste semestre uma carga de trabalho pesada. Houve algumas disciplinas que foram muito rápidas e tivemos de estar nas aulas durante oito horas seguidas. Houve cursos que nos obrigaram a ler centenas de páginas antes das aulas. Depois do semestre de outono, tivemos uma boa pausa de três meses para o nosso estágio, onde pudemos aplicar os nossos estudos e conhecimentos no mundo real. Antes do início do estágio, tive a oportunidade de frequentar um curso sobre monitorização e avaliação na Índia. Aprendi muito durante o curso de duas semanas na Índia. No meu trabalho de reflexão sobre o curso na Índia, referi que a Índia nunca esteve na minha lista de viagens e que nunca me teria imaginado a viajar para lá sem o curso. A minha estadia na Índia, especialmente com o meu professor e os meus colegas, foi uma experiência inesquecível com muitos momentos preciosos. Durante a minha estadia na Índia, tive a oportunidade de me encontrar com algumas organizações não governamentais sediadas em Ahmedabad e aprender sobre as suas abordagens de M&A. Também tive a oportunidade de trabalhar com a Lauren e a Yazmin num relatório inicial para um projeto educativo gerido pelo Human Development Research Centre (HDRC). Toda esta experiência e conhecimentos adquiridos na Índia ajudaram-me a ir para o próximo curso de M&A. Como o Miguel disse durante a semana de estágio, depois da Índia, a Amy fez-nos sentir que somos inteligentes e capazes de tudo. Depois do curso na Índia, regressei ao Vietname para o meu estágio na People and Nature Reconciliation (PanNature), uma organização local com sede em Hanói, no Vietname. Durante o meu tempo na PanNature, a minha principal tarefa era traduzir documentos de inglês para vietnamita. Participei em conferências e visitei locais no terreno para realizar inquéritos. A minha experiência na PanNature não teve nada a ver com M&A, mas tive a oportunidade de participar no projeto CEMI e de aprender sobre M&A. Depois disso, decidi fazer um curso de M&A que envolvia a criação de um TOR para o projeto. Este estágio deu-me a oportunidade de ganhar experiência de trabalho real e uma visão do ambiente de trabalho. Neste período de verão, tudo foi mais fácil porque não havia tantos cursos, mas ainda havia muito para fazer, especialmente porque também tínhamos de escrever a nossa tese final. Durante o semestre de verão, tive Prática de Liderança e Gestão de Organizações do Setor Social, que foi o meu segundo curso, e depois Fundamentos II, Questões de Desenvolvimento Sustentável e Monitorização e Avaliação Avançadas. Em Fundações II, senti que era uma perda de tempo. O curso era aborrecido e o professor não cobriu o que precisávamos. M&A Avançado foi um bom curso. Neste curso, tive a oportunidade de aprender mais sobre M&A em diferentes áreas com oradores convidados e em workshops de visualização de dados. Também tive a oportunidade de aprender sobre as ferramentas das tecnologias de informação e comunicação (TIC) em M&A através das apresentações dos meus colegas de turma. Estas apresentações ajudaram-me a aprender sobre as diferentes ferramentas TIC e a compreender como estas ferramentas podem ajudar na condução da M&A. O meu principal produto do curso foi o TOR, que pude desenvolver para o meu relatório final, o que me facilitou a vida. O curso Questões de Desenvolvimento Sustentável também foi ótimo. A Davina sabia como tornar o curso interessante e aproveitar ao máximo o tempo que passávamos. Todas as semanas tínhamos apresentações de estudos de caso com base no tópico da semana e apresentações de grupos de países para aprender sobre as questões de desenvolvimento nesses países. Os Termos de Referência (TOR) são um passo importante na realização de uma avaliação de alta qualidade. Trata-se de uma ferramenta que fornece uma visão geral importante das expectativas de uma avaliação. A elaboração de um TOR é uma técnica útil de que uma pessoa de M&A necessita. Nos três cursos de M&A deste programa, tive a oportunidade de adquirir conhecimentos sobre monitorização e avaliação, aprender as abordagens que os avaliadores utilizam para monitorizar um projeto e a metodologia que utilizam para recolher dados. Como parte do curso sobre o conceito de M&A, aprendi a criar um quadro lógico e uma teoria da mudança. Durante a minha estadia na Índia, tive a oportunidade de redigir o Relatório Inicial, que faz parte dos Termos de Referência, e isso ajudou-me a aprender mais sobre o que um avaliador precisa para ser bem sucedido no campo da M&A. A elaboração dos TOR fez-me compreender que o avaliador desempenha um papel crucial no processo e que a redação de um TOR é uma competência que não só os avaliadores devem dominar, mas também as pessoas que pretendem tornar-se gestores de programas. Normalmente, prestava mais atenção ao sector da educação e planeava escrever a minha tese sobre o sistema educativo vietnamita, mas depois tudo mudou. Três meses no Vietname e a trabalhar com o CEMI despertaram o meu interesse pelo sector ambiental e fizeram-me compreender os grandes problemas das alterações climáticas. No norte do Vietname há quatro estações distintas, mas o clima mudou drasticamente nos últimos dez anos. O tempo muda entre quente e frio de forma repentina e imprevisível, o que afecta o sistema agrícola e outros sectores. Através do estágio e da tese, adquiri uma compreensão mais profunda das alterações climáticas e descobri uma nova paixão. Graças ao tempo que passei no SIT, ao que aprendi e experimentei, quero agora arranjar um emprego numa organização não governamental no Vietname que trabalhe com as comunidades em questões de educação e ambientais. A educação é a raiz do sucesso e o ambiente é a raiz do desenvolvimento e da economia de um país, por isso quero harmonizar estas duas áreas e melhorar os meios de subsistência e os conhecimentos do povo vietnamita. Quero proporcionar às pessoas uma educação igual e um bom sistema de ensino e criar um ambiente melhor para que as alterações climáticas não tenham um grande impacto na comunidade. A SIT - DC ajudou-me a tornar-me uma pessoa madura que se tornou realista e descobriu a minha paixão. Gostaria de expressar o meu mais profundo agradecimento à minha orientadora Amy Jersild, aos professores e ao pessoal do SIT - DC. Sem a sua ajuda e apoio, esta tese não se teria concretizado e não poderia ter sido concluída. Gostaria também de agradecer à minha família e aos meus amigos por me terem ajudado a ultrapassar este ano difícil. Gostaria de agradecer à minha organização de estágio, a PanNature, por me ter dado a oportunidade de efetuar o meu estágio. Por último, mas não menos importante, gostaria de agradecer à minha irmã, que é uma antiga aluna do SIT em Vermont, o meu modelo e a pessoa que me fez querer frequentar o SIT - DC. No ano passado, muitas pessoas duvidaram que eu fosse capaz de terminar o meu mestrado num ano, especialmente a minha irmã, porque ela sabia como era difícil. Mas graças ao meu trabalho árduo e à ajuda de outros, posso dizer com orgulho que me vou licenciar com um Mestrado em

ANEXO 1: Províncias, distritos e municípios de intervenção

Province	Districts in the project	Communes in the project	No. of FIGs	Total
1. Dien Bien	1. Dien Bien	1. Muong Pon	7	87
		2. Noong Het	17	
		3. Thanh Xuong	4	
		4. Thanh Yen	7	
		5. Sam Mun	17	
		6. Noong Luong	11	
		7. Thanh Luong	9	
		8. Nua Ngam	9	
		9. Na Nhan	6	
2. Lai Chau	2. Lai Chau Town	10. Quyet Thang	1	46
		11. Tan Phong	1	
	3. Phong Tho	12. Nam Xe	2	
		13. Ban Lang	2	
	4. Tam Duong	14. Ho Thau	10	
		15. Tam Duong Town	21	
		16. Binh Lu	9	
3. Son La	5. Muong La	17. Muong Bu	4	83
	6. Mai Son	18. Chieng Mai	11	
		19. Muong Bon	5	
		20. Hat Lot	8	
		21. Na Bo	5	
		22. Hat Lot Town	1	
	7. Yen Chau	23. Sap Vat	2	

	8. Thuan Chau	**24. Tong Co**	**14**	
		25. Chieng Ngam	**6**	
	9. Son La City	**26. Chieng Sinh**	**6**	
		27. Hua La	**1**	
		28. Chieng Xom	**4**	
		29. Chieng An	**2**	
		30. Chieng Ngan	**3**	
		31. Chieng Coi	**5**	
		32. Chieng Co	**2**	
		33. Chieng Den	**4**	

ANEXO 2: Quadro lógico

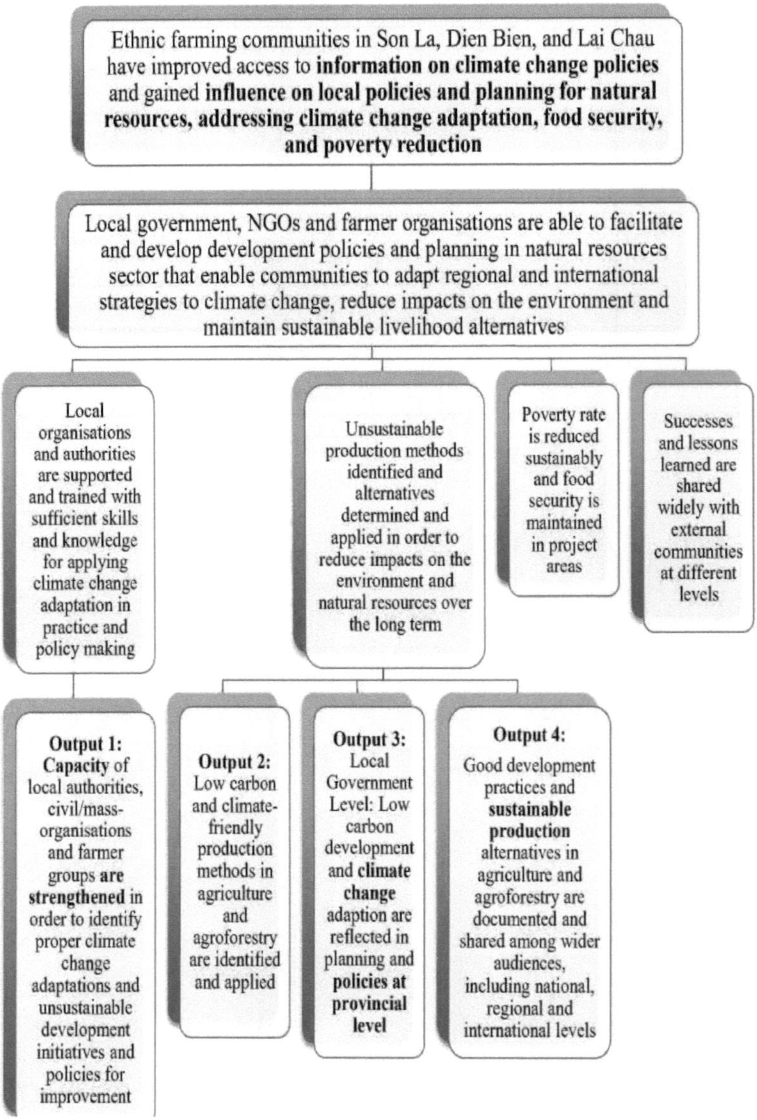

Ethnic farming communities in Son La, Dien Bien, and Lai Chau have improved access to **information on climate change policies** and gained **influence on local policies and planning for natural resources, addressing climate change adaptation, food security, and poverty reduction**

Local government, NGOs and farmer organisations are able to facilitate and develop development policies and planning in natural resources sector that enable communities to adapt regional and international strategies to climate change, reduce impacts on the environment and maintain sustainable livelihood alternatives

Local organisations and authorities are supported and trained with sufficient skills and knowledge for applying climate change adaptation in practice and policy making

Unsustainable production methods identified and alternatives determined and applied in order to reduce impacts on the environment and natural resources over the long term

Poverty rate is reduced sustainably and food security is maintained in project areas

Successes and lessons learned are shared widely with external communities at different levels

Output 1: Capacity of local authorities, civil/mass-organisations and farmer groups **are strengthened** in order to identify proper climate change adaptations and unsustainable development initiatives and policies for improvement

Output 2: Low carbon and climate-friendly production methods in agriculture and agroforestry are identified and applied

Output 3: Local Government Level: Low carbon development and **climate change** adaption are reflected in planning and **policies at provincial level**

Output 4: Good development practices and **sustainable production** alternatives in agriculture and agroforestry are documented and shared among wider audiences, including national, regional and international levels

Output 1	Output 2	Output 3	Output 4
1.1. Baseline studies of project areas 1.2. Selection of districts, communes, and farmer groups (FIGs) involved in the project 1.3. Study on unsustainable production methods in agriculture and agroforestry in project areas 1.4. Study in the project area on the impacts of development initiatives (mining, hydropower, commercial plantation, etc.) on natural resources and local livelihoods 1.5. Capacity need assessment for local organisations and authorities 1.6. Selection of LFs 1.7. Development of training curriculum and guidelines for training of Farmer Groups 1.8. ToT for LFs on climate change and adaptation for awareness raising 1.9. Training for farmer groups (FIGs) on climate change and sustainable production methods	2.1. In-field identification of climate friendly and existing sustainable production methods in agriculture in project areas 2.2. Literature review of available training material/curriculums for FFSs into sustainable climate friendly production methods 2.3. Development of adapted training materials and curriculums for FFSs 2.4. Organising ToT for LF for FFS on climate-friendly and sustainable production methods 2.5. Organizing FFSs to disseminate climate friendly and sustainable production methods 2.6. Organizing cross visits for farmer group FFS to visit good models in other areas 2.7. Training for local extension workers (DARD) on sustainable agriculture and agroforestry production methods 2.8. Organizing study tour among project areas for	3.1. Organizing policy dialogues among different stakeholders at provincial level to brief local leaders on lessons learned and good practices 3.2. Organizing workshops at district and provincial levels to review pilot models and production alternatives implemented by the project 3.3. Supporting local organisations to organize community consultations on local development plans and policies at district and commune level 3.4. Supporting local organisation to organize thematic policy workshops at district and provincial levels 3.5. Providing briefings and information to members of the People's Councils at district and provincial levels in project areas 3.6. Carrying out reviews of district and provincial development plans and policies in	4.1. Organizing one national workshops to share project results 4.2. Organizing one Mekong Resources Forum to learn from and share lessons with regional partners 4.3. Dissemination of project findings through publications and media coverage 4.4. Production of video reports on project activities and production alternatives 4.5. Publishing analysis and briefings on project outcomes on PanNature's Quarterly Policy Review 4.6. Sharing project lessons at national, regional, and international levels via conferences, workshops, events, etc.

in agriculture and agroforestry 1.10 Training on local development policies and planning with integration of national climate change adaptation framework, for Farmers Union, DARD and Local Government (CPC) 1.11 Training on policy analysis and advocacy for NGOs and local organizations, incl. Farmer Group leaders 1.12. Policy workshops on climate change adaptation and sustainable production at district and provincial levels	extension workers 2.9. Awareness promotion of piloting models of production alternatives among the local communities	relation to low carbon development and climate change adaption	

Referências:

1. Bours, D., McGinn, C., & Pringle,P. (2014, janeiro). Guia 1: Doze razões pelas quais a adaptação às alterações climáticas é um desafio para a M&A. Recuperado de http://www.ukcip.org.uk/wordpress/wp-content/PDFs/MandE-Guidance-Note1.pdf
2. Sanahuja, H. (2011, agosto). Um quadro para monitorizar e avaliar a adaptação às alterações climáticas. Disponível em https://www.climate-eval.org/sites/default/files/studies/Climate-Eval%20Framework%20for%20Monitoring%20and%20Evaluation%20of%20Adaptation%20to%20Climate%20Change.pdf
3. (2013). Documento de projeto: Alterações climáticas e minorias étnicas no Norte do Vietname. Desenvolvimento Agrícola Dinamarca Ásia.
4. Phan, T., Nguyen, DA., Dang, T., & Nguyen, H. (2015, janeiro). Relatório Técnico: Pesquisa de Sustentabilidade Ambiental na Produção Agrícola e Agroflorestal na Província de Dien Bien.
5. Dang, T., Nguyen, M., Nguyen, G., & Thung, T. (2015, janeiro). Relatório Técnico: Pesquisa de Sustentabilidade Ambiental na Produção Agrícola e Agroflorestal na Província de Lai Chau.
6. Johnson, C. (2014, 29 de setembro). As alterações climáticas afectam a bacia do arroz do Vietname

Ambiente | DW.COM | 29.09.2014. Obtido em 1 de agosto de 2015, de

http://www.dw.com/en/climate-change-affects-vietnams-rice-bowl/a-17896809

7. Estratégia nacional para as alterações climáticas. (2011, 5 de dezembro). Obtido em 1 de agosto de 2015, de http://chinhphu.vn/portal/page/portal/English/strategies/strategiesdetails?categoryId=30&articleId=10051283
8. Onyango, G., & Worthen, M. (2010, novembro). Manual de Métodos Participativos para Projectos de Base Comunitária: A Guide for Programmers and Implementers Based on the Participatory Action Research Project with Young Mothers and their Children in Liberia, Sierra Leone, and Northern Uganda. Obtido em http://www.uwyo.edu/girlmotherspar/_files/pubs-handbook.pdf
9. (2012). Abordagem da avaliação baseada na teoria: Conceitos e práticas. Recuperado de http://www.tbs-sct.gc.ca/cee/tbae-aeat/tbae-aeatpr-eng.asp
10. O modelo Kirkpatrick de avaliação da formação. Retirado de http://webcache.googleusercontent.com/search?q=cache:2ljpVQb-FIkJ:www.southalabama.edu/coe/bset/johnson/660lectures/Kirk1.doc+&cd=13&hl=en&ct=clnk&gl=us

Índice

Printed by Books on Demand GmbH, Norderstedt / Germany